》086
091

》009_a
044_a
080

》051_a
068

イラストや写真は素材に収録されていません。

付属DVD-ROMについて

DVD-ROMは全部で4枚付属しています。(DISC1〜4)
MOVファイルは、DISC1〜4のDVD-ROMに素材番号001から順番に、MP4ファイルはすべてDISC4に収録されています。

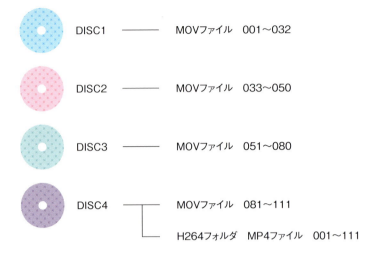

各ファイルの特徴

MOV形式（QT）
- 動画サイズ：1920×1080ピクセル（フルHD）
- アルファチャンネル付きとアルファチャンネルなしのものがあります。
- アルファチャンネル付きはPNGコーデック、アルファチャンネルなしはフォトJPEGコーデックのデータです。
- 再生、編集にはApple社のQuickTimeが必要です。

MP4形式（H.264）
- 動画サイズ：1280×720ピクセル（HD）
- データが軽く扱いやすいのが特徴です。
- H.264コーデックです。
- アルファチャンネルに対応していないため、収録素材はすべてアルファなしです。

収録されているデータについて

- 付属DVD-ROMが対応しているOSは、Windows 10/8.1/8/7、Mac OS X以降です。
- 収録素材を再生したり編集したりするには、素材のファイル形式に対応したソフトウェア（アプリケーション）が必要です。特にMOV形式の素材データを利用するには、Apple社のQuickTime（フリー）、または対応したコーデックをダウンロードし、パソコンにインストールする必要があります。
- 収録素材データはファイル容量が大きいため、付属DVD-ROMから直に再生、編集できない場合があります。必ずパソコンのハードディスクにコピーしてからご利用ください。

［動作が確認できているソフトウェア］
収録のアルファ付きMOVファイルは、下記ソフトウェアの2018年11月時点の最新版で動作が確認できています。
★ Adobe社：After Effects / Premiere Pro / Premiere Elements
★ Apple社：iMovie / Final Cut Pro
★ Corel社：VideoStudio
★ CyberLink社：PowerDirector

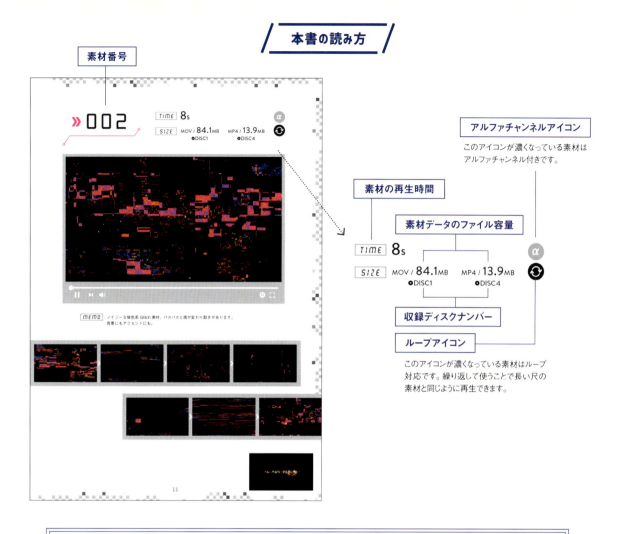

使用条件について

- 収録データは本書の購入者に限り自由に使うことができます。購入者以外が収録データをコピーしたり、購入者から借りた場合は使用できません。本書1冊につき1ユーザーのライセンスとなります。
- 収録データは商用フリーです。収録データを加工、編集して制作した映像は、インターネット動画共有サービス、テレビ放送、映画、イベント、広告映像、ゲームなどにお使いいただけます。
- 収録データを加工、編集せずに配布、転載、送信することを禁止します。サーバーのハードディスクなどにコピーして、ネットワーク接続により複数のパソコンから使用することを禁止します。
- 収録データをそのまま、または改変して映像素材、イラスト素材として販売、譲渡など二次配布することを禁止します。
- 収録データの利用にあたり、個別の使用許諾を申請したり、クレジットを表記する必要ありません。
- 収録データの著作権は、著者および出版社にあります。
- 収録データを使用することにより生じたトラブルについては、著者および出版社は一切責任を負いません。使用者ご自身で解決をお願いします。

★ 本書に記載されている製品の名称は、すべて関係各社および関係団体などの登録商標です。

アルファチャンネルとは

アルファチャンネルとは、「マスク」「キー」とも呼ばれ、画像（映像）に透過度情報を追加します。RGBやCMYKなどの目に見えるチャンネルとは別の、目には見えない新規チャンネルで、白～黒のグレースケールで表現されます。たとえばアルファチャンネルが100%白の時、その画像は不透明、100%黒の時は透明に見えます。アルファチャンネルの黒い部分は透明表示になるので、下に配置した画像（映像）が透けて見えることになります。そのためいくつも素材を重ねて合成することができ、素材をつなぐだけの映像に比べて、より凝った映像表現が実現します。

この素材は炎と火の粉のみが抜けるアルファチャンネル付きです。

アルファチャンネルはこのようになっています。黒い部分が透明になり、白～グレーの部分が不透明～半透明な画として残ります。

合成例

025 　　　　　　　　026 　　　　　　　　このようになります

アルファチャンネル付きの動画が正しく表示されない？

アルファチャンネル付きの動画素材は、動画編集ソフトのタイムラインに配置しないと正しく表示されません。再生ソフトでは正しく表示されません。

1 素材029の本来の見え方

素材029の本来の見え方です。動画編集ソフトで029を読み込んでタイムラインに配置すると、このような画が見えます。

2 アルファチャンネル

素材029が持つアルファチャンネル情報です。この情報を持つ事により、合成が可能になります。

3 ストレートアルファ

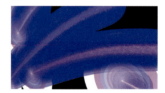

動画編集ソフトを使わずに、素材029を再生すると、このように見えることがあります。これはストレートアルファという状態で、より綺麗な画を作るための素になる画です。

ストレートアルファは、特に半透明な部分をより綺麗にアルファで抜くための方法で、エッジ部分に不透明な色をのせた状態です。本書では、アルファチャンネル付きの動画の多くを、このストレートアルファで収録しています。ただし、再生ソフトでは、アルファ付きの動画はストレートアルファの画で見えてしまい、**1**のようには見えません。どんな動きや色の素材かすばやく確認したい場合は、MP4ファイルでプレビューしてください。

アレンジして編集する

動画編集ソフトによって、操作方法や変更可能な箇所は変わりますが、かんたんで効果的な素材のアレンジ方法をいくつか紹介します。

●水平反転（垂直反転）
素材を左右や上下に反転すると、かんたんにイメージを変えることができます。上から何かが降る素材を上下に反転すると、下から上にパーツが浮き上がるような映像に変わります。

●スケール変更
上記の水平反転・垂直反転と似ていますが、サイズ（スケール）の変更ができる場合、横100％、縦100％のサイズを横−100％、縦100％にすると、左右反転した事になります。同じように、縦横のスケール値を色々変更してみてはいかがでしょうか？

●速度変更
素材の速度を変更する事で全く違ったイメージに作り変える事ができます。速度を変更する場合は、元の素材よりゆっくりさせるとコマ落ちしたようにカクつく可能性があるので、速める方が無難ですが、バックミュージックに合わせてスピードアップしてみたり、色々試してみると楽しいと思います。

●逆再生
奥から手前にパーツが飛んで来る素材を逆再生すると、手前から奥にパーツが遠のいていく画に変わり、カメラが引いていくような動きにすることができます。

●フリーズ
任意の箇所で映像をフリーズ（停止）させたり、また急に再生させたりする事で映像にアクセントを加えることができます。合わせる音楽が決まっている場合は得に効果的です。

●合成方法
アルファ付き素材をそのまま合成してもよいのですが、のせ方を「スクリーン」「オーバーレイ」「加算」「乗算」など、お使いのソフトで可能な合成モードに変えてみるのと表現の幅が広がります。

●彩度の変更
彩度を最高まで下げると、モノクロ映像に変わります。また彩度を上げるとビビットな色味になります。

●素材の複数合成
1つの背景に1つのアルファ付き素材を合成するだけでなく、複数の全く違った雰囲気のアルファ付き素材を合成したり、アルファ無し素材を薄く合成してみたり。お使いのソフトで可能なら、「スクリーン」「オーバーレイ」などの様々なのせ方で複数の素材を合成してみてはいかがでしょうか？思いがけない新しい雰囲気が生まれるかもしれません。

お使いのソフトに「エフェクト」「効果」など、映像を簡単に変化させるメニューが付属している場合は、是非色々と試してみてください。一瞬で予想外の映像ができ上がるチャンスです！

»002

»043_b

»019

»024
026

MEMO 3→2→1と続く、3秒構成のカウントダウン素材。様々な場面で使いやすいようシンプルに仕上げました。

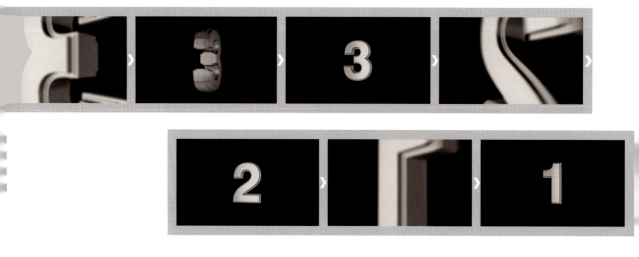

TIME	8s
SIZE	MOV / **84.1**MB ●DISC1　　MP4 / **13.9**MB ●DISC4

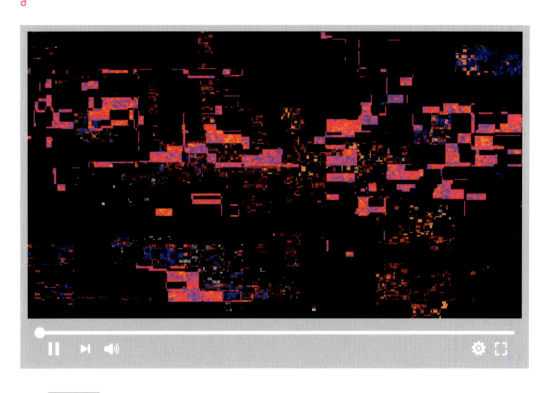

MEMO ノイジーな暖色系 Glitch 素材。パカパカと画が変わり動きがあります。背景にもアクセントにも。

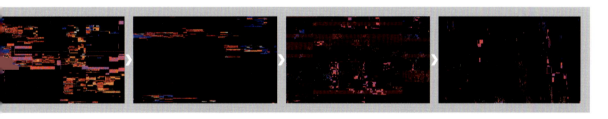

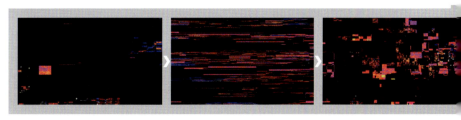

TIME 8s
SIZE MOV / 37.6MB ●DISC1   MP4 / 13.8MB ●DISC4

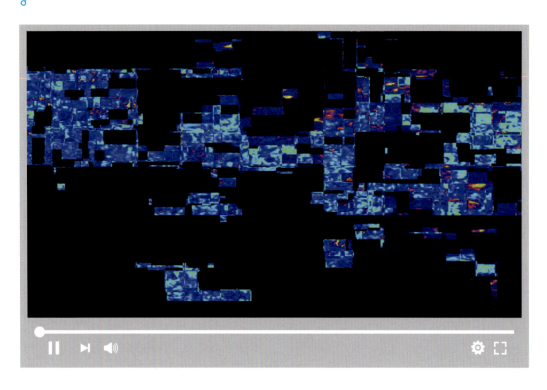

MEMO ノイジーな寒色系 Glitch 素材。パカパカと画が変わり動きがあります。002 より少しシンプルです。

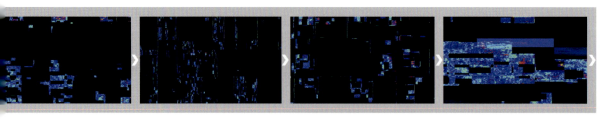

MEMO ノイジーなモノクロ系 Glitch 素材。パカパカと画が変わり動きがあります。背景にもアクセントにも。

005

TIME **8s**
SIZE MOV / **51.2**MB　MP4 / **13.3**MB
　　　　●DISC1　　　●DISC4

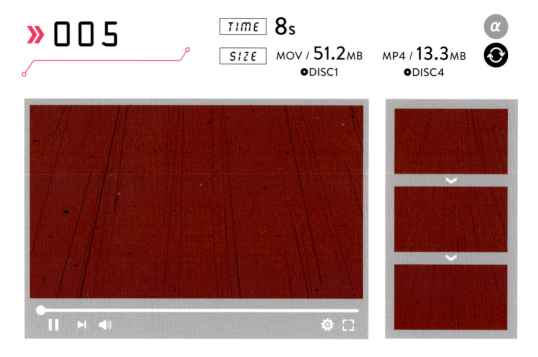

MEMO　赤ベースに黒線や粒ノイズを重ねた
　　　　疾走感のある背景素材。006と色違いです。

006

TIME **8s**
SIZE MOV / **112**MB　MP4 / **14.0**MB
　　　　●DISC1　　　●DISC4

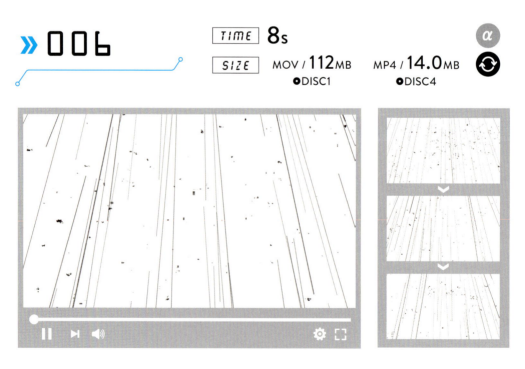

MEMO　白ベースに黒線や粒ノイズを重ねた
　　　　疾走感のある背景素材。005と色違いです。

007

TIME 6s
SIZE MOV / 80.8MB　MP4 / 10.1MB
●DISC1　　　　●DISC4

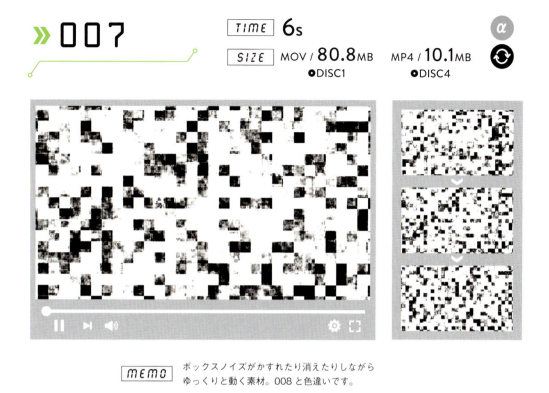

MEMO ボックスノイズがかすれたり消えたりしながらゆっくりと動く素材。008 と色違いです。

008

TIME 6s
SIZE MOV / 88.7MB　MP4 / 10.2MB
●DISC1　　　　●DISC4

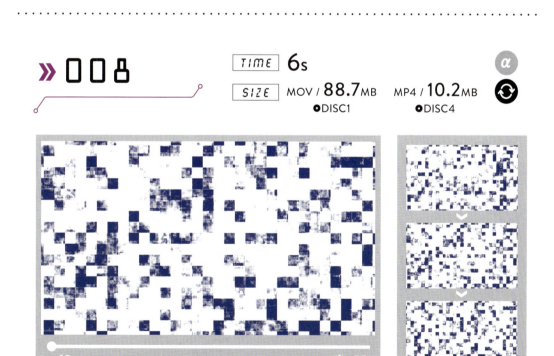

MEMO ボックスノイズがかすれたり消えたりしながらゆっくりと動く素材。007 と色違いです。

» 009_a

TIME 6s
SIZE MOV / 517MB
●DISC1

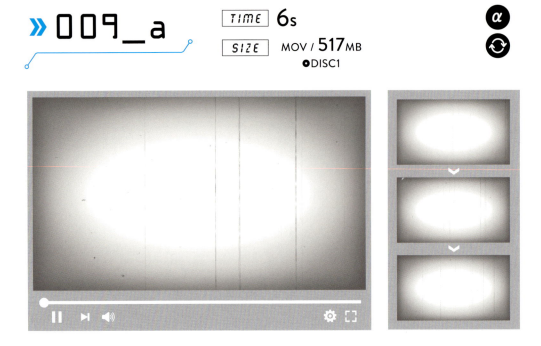

MEMO １つあると何かと便利なフィルムノイズ素材。アルファ付きなので、映像やイラストなど様々な素材に重ねてお使いください。

» 009_b

TIME 6s
SIZE MOV / 110MB   MP4 / 10.1MB
●DISC1   ●DISC4

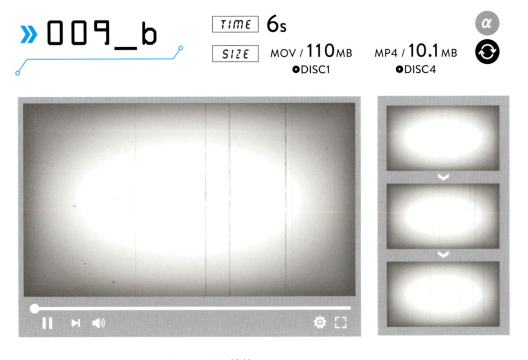

MEMO フィルムノイズ素材。
009_aのアルファ無し版です。背景用に。

TIME	6s
SIZE	MOV / **490**MB

●DISC1

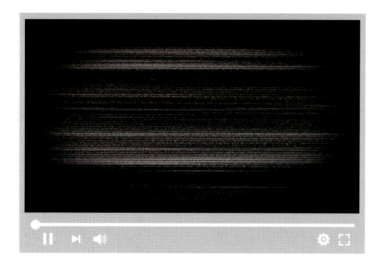

MEMO　古いテレビノイズ風素材。アルファ付きなので、
　　　　映像やイラストなど様々な素材に重ねてお使いください。

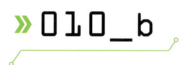

TIME	6s	
SIZE	MOV / **144**MB	MP4 / **10.7**MB

●DISC1　　　　●DISC4

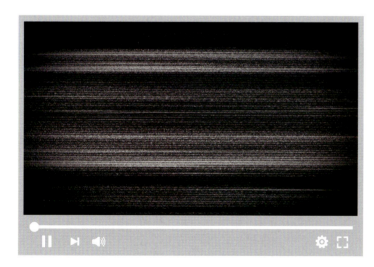

MEMO　古いテレビノイズ風素材。
　　　　010_aのアルファ無し版です。背景用に。

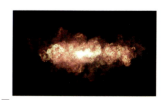

 **011**

TIME 6s
SIZE MOV / 3.50MB ●DISC1 MP4 / 0.62MB ●DISC4

MEMO シンプルなフィルム系粒ノイズ素材。アルファ付きなので、
映像やイラストなど様々な素材に重ねてお使いください。
明るい映像やイラストに重ねないと見えにくいので注意してください。

TIME	25s
SIZE	MOV / **234**MB MP4 / **42.1**MB
	●DISC1 ●DISC4

MEMO　夜のビル群の中をまっすぐ進んでいく素材。リアルな3D空間になっています。
　　　　（012・015・016の3種のカラーバリエーション）

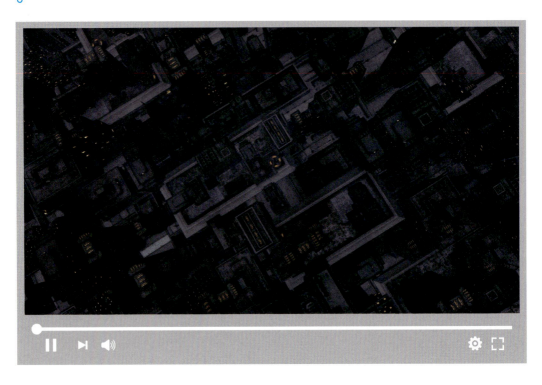

MEMO 夜のビル群を見下ろしながら、ゆっくり回転しつつ遠のいていく素材。荒廃した未来都市のような雰囲気です。

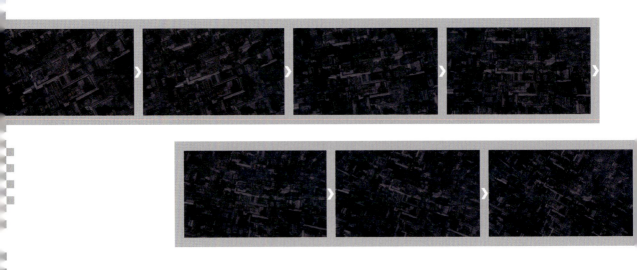

TIME	20s		
SIZE	MOV / 369MB ●DISC1	MP4 / 33.6MB ●DISC4	

MEMO　夜のビル群を見下ろしながら、横に移動していく素材。荒廃した未来都市のような雰囲気です。

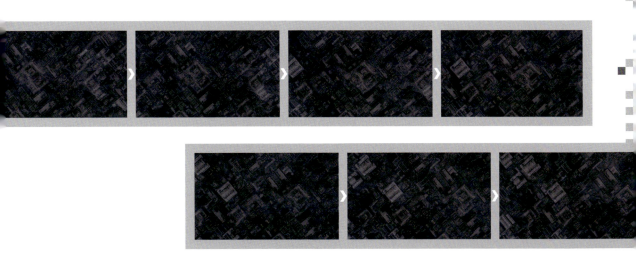

TIME	25s
SIZE	MOV / 288MB MP4 / 42.2MB
	●DISC1 ●DISC4

MEMO 日中のビル群の中をまっすぐ進んでいく素材です。リアルな3D空間になっています。（012・015・016の3種のカラーバリエーション）

TIME	25s
SIZE	MOV / 285MB MP4 / 42.2MB
	●DISC1 ●DISC4

MEMO 夕方のビル群の中をまっすぐ進んでいく素材です。リアルな3D空間になっています。（012・015・016の3種のカラーバリエーション）

| TIME | 25s |
| SIZE | MOV / 274MB ●DISC1　MP4 / 42.1MB ●DISC4 |

MEMO　朝方のビル群の上空をまっすぐ進んでいく素材です。リアルな 3D 空間になっています。

》009_a
014
046_a

》014
029

》004
103

》009_a
093

イラストや写真は素材に
収録されていません。

» 005

» 028
　040
　092

» 097

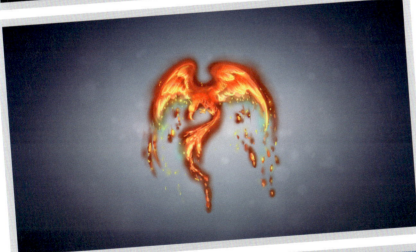

» 094

TIME	15s
SIZE	MOV / **486**MB ●DISC1　　MP4 / **25.7**MB ●DISC4

MEMO　錆付いたブロンズカラーの歯車が多数、回転しながら並んでいる背景素材です。

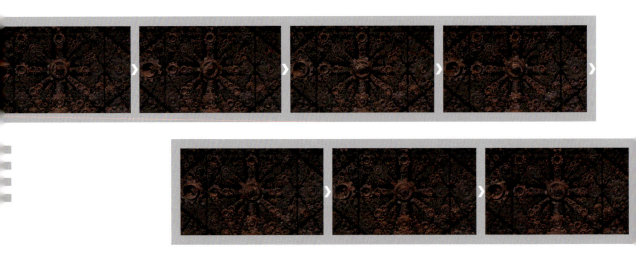

| TIME | 15s |
| SIZE | MOV / **990**MB ●DISC1　　MP4 / **25.5**MB ●DISC4 |

MEMO 錆付いたブロンズカラーの歯車が回転しているアルファ付きの額縁素材です。

TIME 15s
SIZE MOV / 449MB ●DISC1　MP4 / 25.4MB ●DISC4

MEMO　錆付いたシルバーカラーの歯車が多数、回転しながら並んでいる背景素材です。

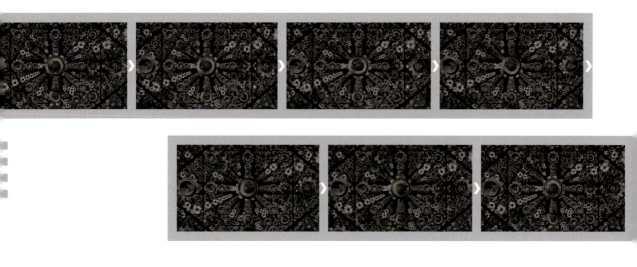

TIME 15s

SIZE MOV / 856MB ●DISC1　MP4 / 25.5MB ●DISC4

MEMO　錆付いたシルバーカラーの歯車が回転しているアルファ付きの額縁素材です。

022

TIME **8s**
SIZE MOV / **234**MB ●DISC1　MP4 / **13.8**MB ●DISC4　α

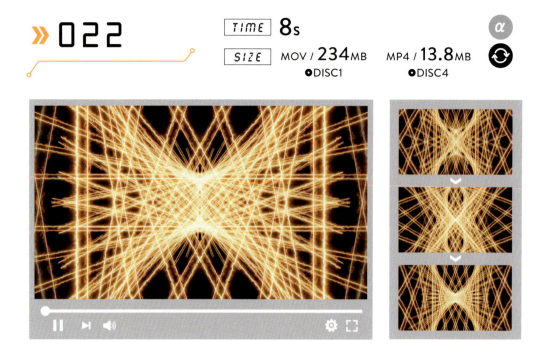

MEMO　炎が絡みついたようなラインが多数、奥から手前に勢いよく向かってくる素材。023 と色違いです。

023

TIME **8s**
SIZE MOV / **244**MB ●DISC1　MP4 / **13.8**MB ●DISC4　α

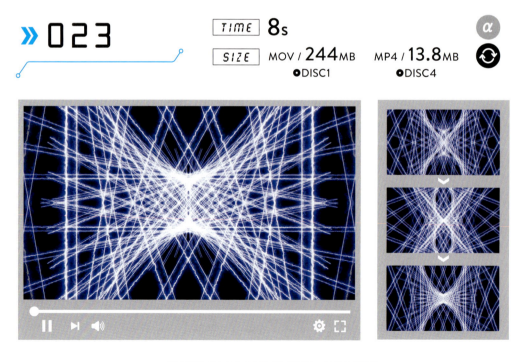

MEMO　炎が絡みついたようなラインが多数、奥から手前に勢いよく向かってくる素材。022 と色違いです。

TIME	3s
SIZE	MOV / **76.1**MB ●DISC1　MP4 / **4.84**MB ●DISC4

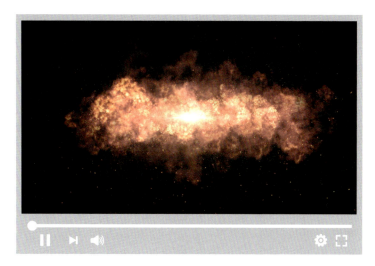
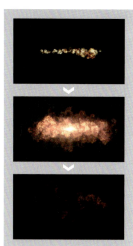

MEMO　爆発の後に火の粉が散る素材。勢いがあり合成した素材を盛り上げます。タイトルロゴなどに。025と色違いです。

TIME	3s
SIZE	MOV / **75.1**MB ●DISC1　MP4 / **4.81**MB ●DISC4

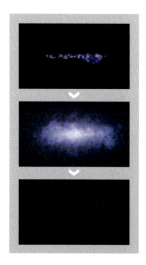

MEMO　爆発の後に火の粉が散る素材。勢いがあり合成した素材を盛り上げます。タイトルロゴなどに。024と色違いです。

026

TIME **8s**
SIZE MOV / **34.4**MB ●DISC1   MP4 / **12.1**MB ●DISC4

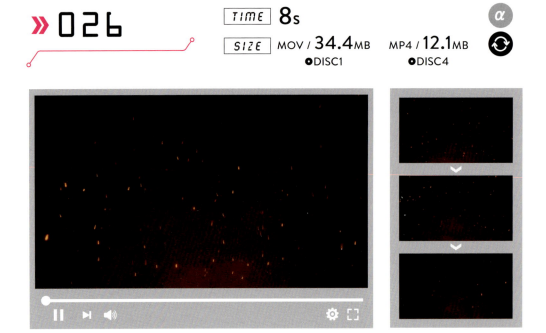

MEMO 色づいた煙と火の粉が舞い上がる背景素材。027 と色違いです。

027

TIME **8s**
SIZE MOV / **32.4**MB ●DISC1   MP4 / **9.51**MB ●DISC4

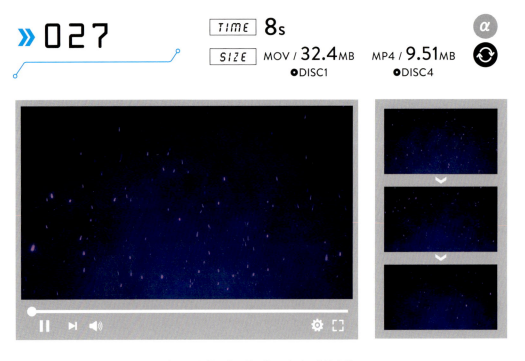

MEMO 色づいた煙と火の粉が舞い上がる背景素材。026 と色違いです。

TIME	10s
SIZE	MOV / 52.5MB MP4 / 8.20MB
	●DISC1 ●DISC4

MEMO モヤがゆっくり上っているシンプルな素材です。背景にも、上から薄くのせて味付けにも。暗い映像やイラストに重ねないと見えにくいので注意してください。

MEMO 光と煙の軌跡素材。ゼロから始まり全部が消えて終わります。アルファ付きなので様々な使い方が。

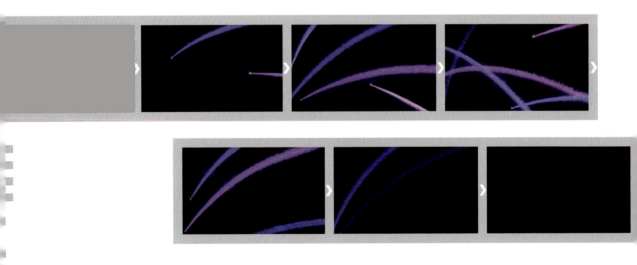

| TIME | 9s |
| SIZE | MOV / 129MB ●DISC1　　MP4 / 15.5MB ●DISC4 |

MEMO 光と煙の軌跡が行き交う背景素材。星空ベースに029を繰り返し合成しているループ素材です。

TIME	15s		
SIZE	MOV / 248MB ●DISC1	MP4 / 25.7MB ●DISC4	

MEMO　地球の表面近くをゆっくりと進んでいく素材。宇宙空間に光が差し込んでくる壮大なイメージです。

| TIME | 15s |
| SIZE | MOV / 221MB ●DISC1　MP4 / 25.3MB ●DISC4 |

MEMO 地球が奥から手前に近付いてくる素材。影になった部分に明かりが灯ります。日本が目立つような作りです。

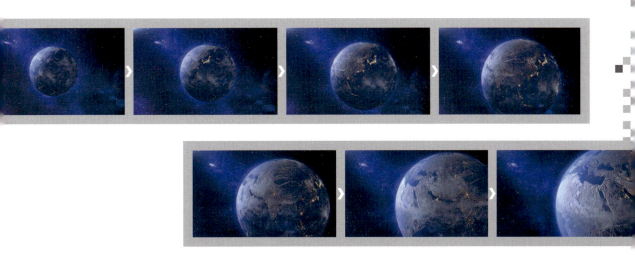

TIME	20s
SIZE	MOV / **556**MB ●DISC2　　MP4 / **31.5**MB ●DISC4

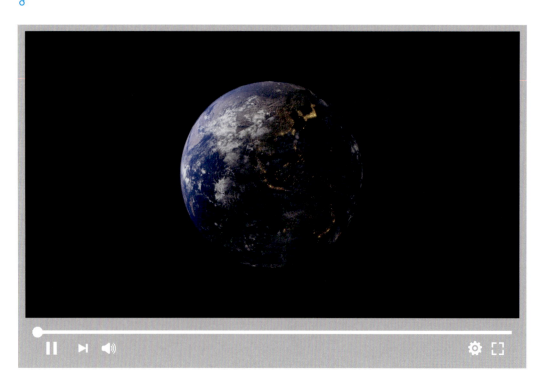

MEMO　地球が1回転するアルファ付きのループ素材。影になった部分に明かりが灯ります。

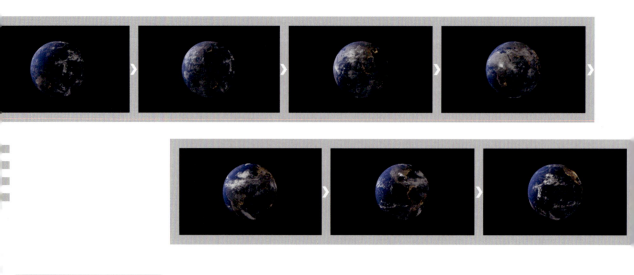

TIME	20s
SIZE	MOV / 227MB　MP4 / 32.3MB
	●DISC2　　　●DISC4

MEMO　アンドロメダ系素材。シアン・パープル系の神秘的な星雲の中をゆっくりと進んでいきます。

TIME	15s
SIZE	MOV / **81.0**MB ●DISC2 MP4 / **23.6**MB ●DISC4

MEMO　星がまたたくシンプルなスターフィールド素材。奥から手前に星が向かってきます。

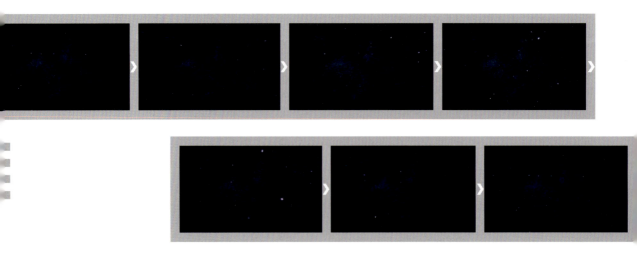

MEMO 花火素材。中央に大きな花火が出続けるので、タイトルなどを置きやすいレイアウトです。

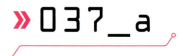 | TIME 10s | MOV / 934MB ●DISC2 | MP4 / 17.2MB ●DISC4 |

MEMO 花火の額縁素材。アルファ付きなので様々な素材に重ねられ、シンプルなタイトルや写真・映像を盛り上げる事が出来ます。

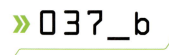 | TIME 10s | MOV / 315MB ●DISC2 | MP4 / 17.2MB ●DISC4 |

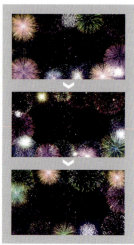

MEMO 037_aにカラフルな星空ベースを加えた背景素材です。文字などをのせるのに適しています。

| TIME | 10s |
| SIZE | MOV / **383**MB ●DISC2　　MP4 / **17.4**MB ●DISC4 |

MEMO　花火がランダムに出続ける背景素材。039より花火の量が多く派手な作りになっています。

TIME	10s
SIZE	MOV / 252MB ●DISC2　　MP4 / 17.2MB ●DISC4

MEMO　花火がランダムに出続ける背景素材。038 より花火の量が少なくシンプルです。

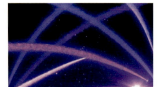

TIME	6s
SIZE	MOV / 15.7MB MP4 / 7.55MB
	●DISC2 ●DISC4

MEMO 白ラインの波紋のようなものが、ランダムに出ては消える素材。アルファ付きなので様々な背景に合成出来ます。暗い映像やイラストに重ねないと見えにくいので注意してください。

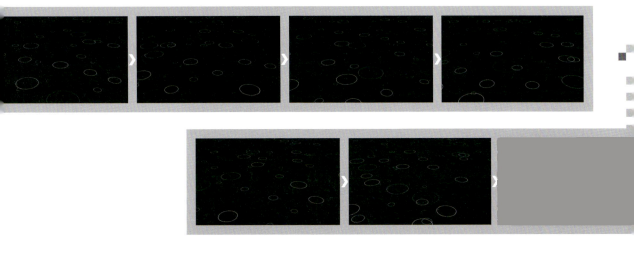

》066

》009_a
021

》001
075
108

》102

イラストや写真は素材に収録されていません。

041_a

TIME 10s
SIZE MOV / 66.4MB
●DISC2

MEMO 意味の無い日本語タイポが変化し、出ては消える素材。アルファ付きです。

041_b

TIME 10s
SIZE MOV / 132MB　MP4 / 17.4MB
●DISC2　●DISC4

MEMO 041_aに白ベースを敷いた背景素材です。

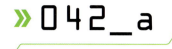

TIME 10s
SIZE MOV / 180MB
●DISC2

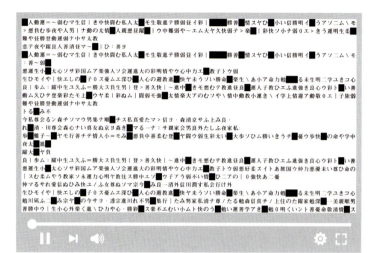 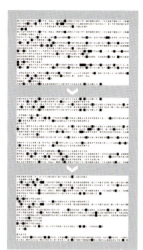

MEMO 意味の無い日本語タイポが変化し、
出ては消える素材。アルファ付きです。

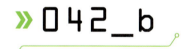

TIME 10s
SIZE MOV / 199MB   MP4 / 17.6MB
●DISC2   ●DISC4

MEMO 042_aに白ベースを敷いた背景素材です。

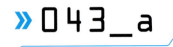

TIME	10s
SIZE	MOV / 103MB

●DISC2

 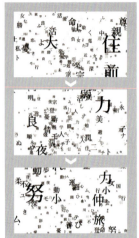

MEMO 意味の無い日本語タイポが変化しながら奥から手前に向かってくる素材。アルファ付きです。

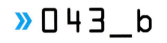

TIME	10s	
SIZE	MOV / 112MB	MP4 / 16.8MB
	●DISC2	●DISC4

 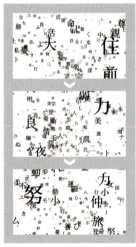

MEMO 043_aに白ベースを敷いた背景素材です。

044_a

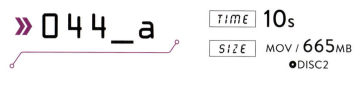

TIME 10s
SIZE MOV / 665MB
●DISC2

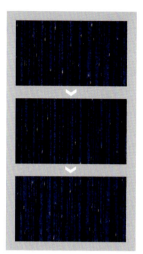

MEMO マトリックス風の日本語タイポ素材。
アルファ付きです。

044_b

TIME 10s
SIZE MOV / 296MB　MP4 / 16.9MB
●DISC2　　　　●DISC4

MEMO 044_aに黒ベースを敷いた背景素材です。

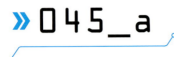

TIME	10s
SIZE	MOV / 624MB

●DISC2

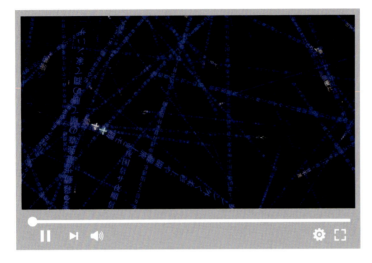 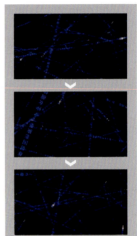

MEMO 変化し続ける日本語タイポが、行ごとにランダムに奥から手前に向かってくる素材。アルファ付きです。

TIME	10s	
SIZE	MOV / 224MB	MP4 / 17.0MB

●DISC2　　●DISC4

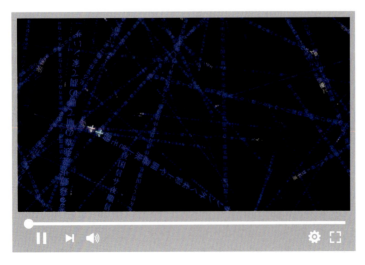 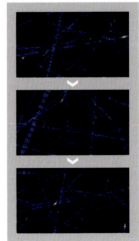

MEMO 045_aに黒ベースを敷いた背景素材です。046と色違いです。

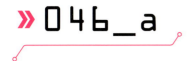

TIME	10s
SIZE	MOV / 664MB

●DISC2

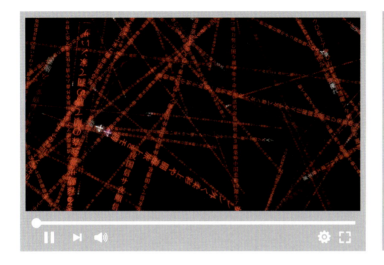

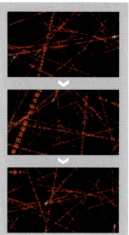

MEMO　変化し続ける日本語タイポが、行ごとにランダムに
　　　　奥から手前に向かってくる素材。アルファ付きです。

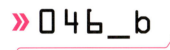

TIME	10s	
SIZE	MOV / 239MB	MP4 / 17.0MB

●DISC2　　●DISC4

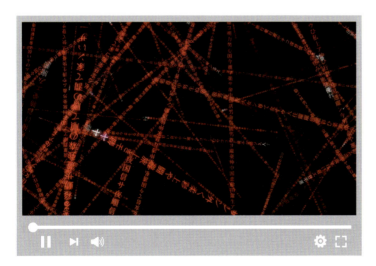

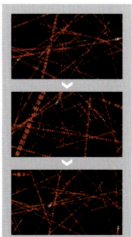

MEMO　046_aに黒ベースを敷いた背景素材です。
　　　　045と色違いです。

TIME	15s
SIZE	MOV / 369MB ●DISC2　MP4 / 25.7MB ●DISC4

MEMO 和風の花イラストを敷き詰めた背景素材。花はゆっくり回転しています。明るくかわいい色合いです。

 **048**

TIME 15s
SIZE MOV / 247MB　MP4 / 25.5MB
　　　●DISC2　　　●DISC4

MEMO　和風の白い花イラストがゆっくり回転しながら上昇している素材。
現代的な和を感じさせるイメージです。049と色違いです。

 **049**

TIME 15s
SIZE MOV / 246MB　MP4 / 25.2MB
　　　●DISC2　　　●DISC4

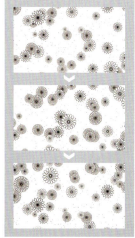

MEMO　和風の白い花イラストがゆっくり回転しながら上昇している素材。
現代的な和を感じさせるイメージです。048と色違いです。

050

TIME 10s
SIZE MOV / 380 MB ●DISC2　MP4 / 16.2 MB ●DISC4

α

MEMO 和柄モチーフのグラフィックが、チカチカと色を変えながら上昇します。現代的な和を感じさせるイメージです。

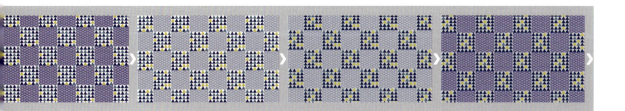

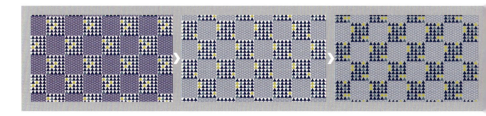

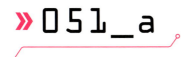 

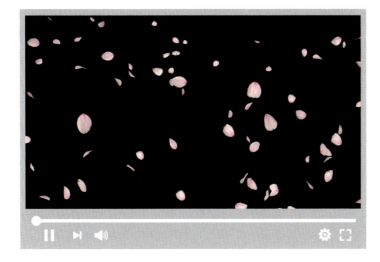 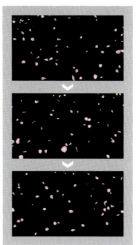

MEMO　桜の花びらがヒラヒラ舞い散るアルファ付き素材。
　　　花びらは大きく少なめです。

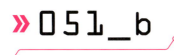

 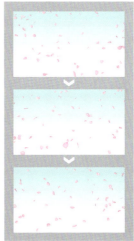

MEMO　051_aに白〜水色のグラデーションベースを
　　　敷いた背景素材です。

052_a

TIME 12s
SIZE MOV / 118MB ●DISC3
MP4 / 19.7MB ●DISC4
α

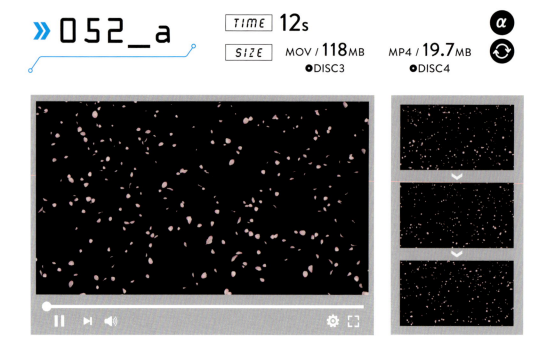

MEMO 桜の花びらがヒラヒラ舞い散るアルファ付き素材。花びら多めです。

052_b

TIME 12s
SIZE MOV / 38.5MB ●DISC3
MP4 / 16.2MB ●DISC4
α

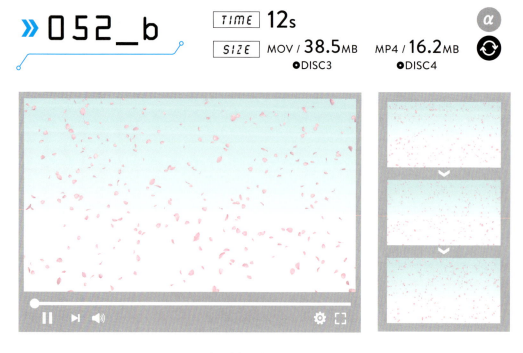

MEMO 052_aに白〜水色のグラデーションベースを敷いた背景素材です。

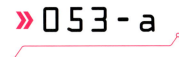

TIME	12s		
SIZE	MOV / 35.8MB	MP4 / 9.52MB	
	●DISC3	●DISC4	

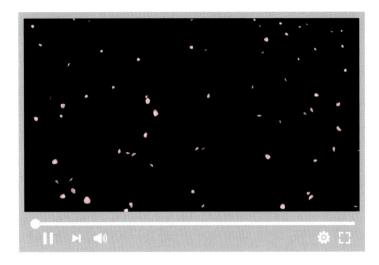
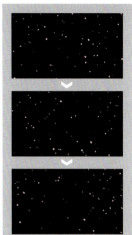

MEMO 桜の花びらがヒラヒラ舞い散るアルファ付き素材。花びら少なめです。

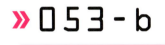

TIME	12s		
SIZE	MOV / 22.9MB	MP4 / 5.52MB	
	●DISC3	●DISC4	

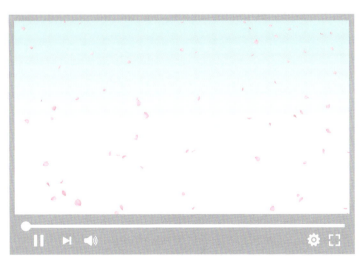
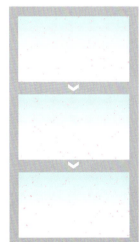

MEMO 053_aに白〜水色のグラデーションベースを敷いた背景素材です。

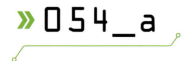

TIME	12s
SIZE	MOV / 81.5MB ●DISC3　MP4 / 19.1MB ●DISC4

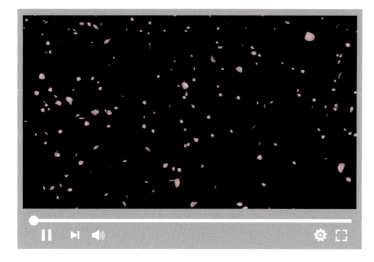

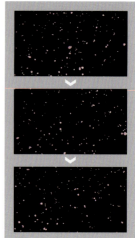

MEMO 桜の花びらがヒラヒラ舞い散るアルファ付き素材。
風が吹き、花びらが右上から左下に流されて飛びます。

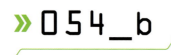

TIME	12s
SIZE	MOV / 31.2MB ●DISC3　MP4 / 13.7MB ●DISC4

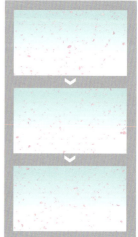

MEMO 054_aに白〜水色のグラデーションベースを
敷いた背景素材です。

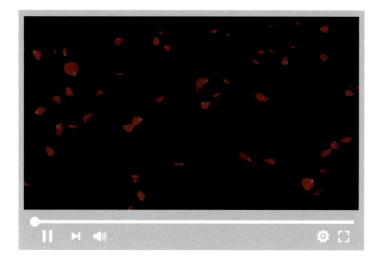 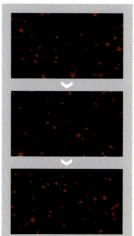

MEMO　バラの花びらがヒラヒラ舞い散るアルファ付き素材。
花びらは大きく少なめです。

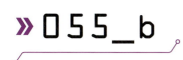

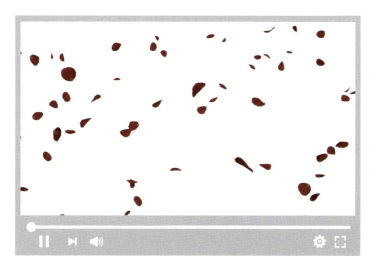 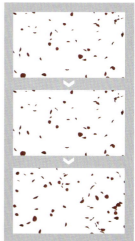

MEMO　055_aに白ベースを敷いた背景素材です。

056_a

TIME 12s
SIZE MOV / 98.5MB MP4 / 18.3MB
●DISC3 ●DISC4

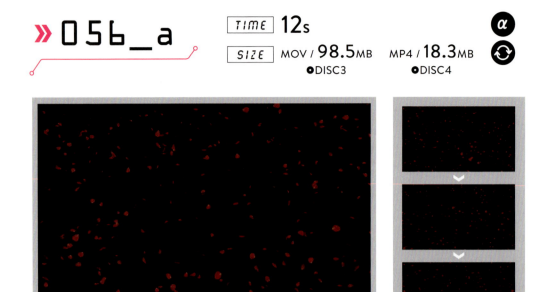

MEMO バラの花びらがヒラヒラ舞い散るアルファ付き素材。
花びら多めです。

056_b

TIME 12s
SIZE MOV / 43.0MB MP4 / 19.9MB
●DISC3 ●DISC4

MEMO 056_aに白ベースを敷いた背景素材です。

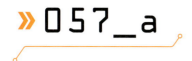

TIME	12s
SIZE	MOV / 29.7MB ●DISC3　MP4 / 6.92MB ●DISC4

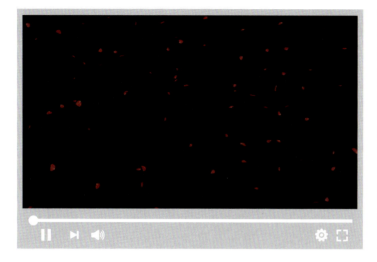 

MEMO バラの花びらがヒラヒラ舞い散るアルファ付き素材。
花びら少なめです。

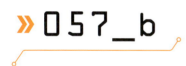

TIME	12s
SIZE	MOV / 20.8MB ●DISC3　MP4 / 9.35MB ●DISC4

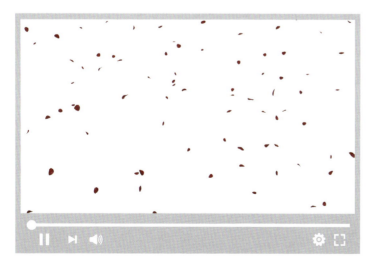 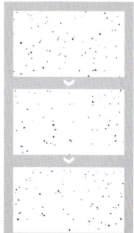

MEMO 057_a に白ベースを敷いた背景素材です。

» 058_a

TIME 12s
SIZE MOV / 68.9MB ●DISC3　MP4 / 16.0MB ●DISC4

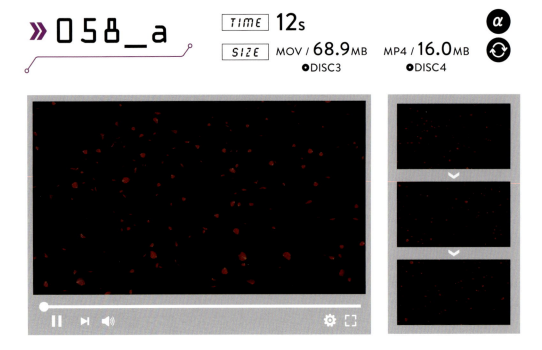

MEMO バラの花びらがヒラヒラ舞い散るアルファ付き素材。
風が吹き、花びらが右上から左下に流されて飛びます。

» 058_b

TIME 12s
SIZE MOV / 32.7MB ●DISC3　MP4 / 19.2MB ●DISC4

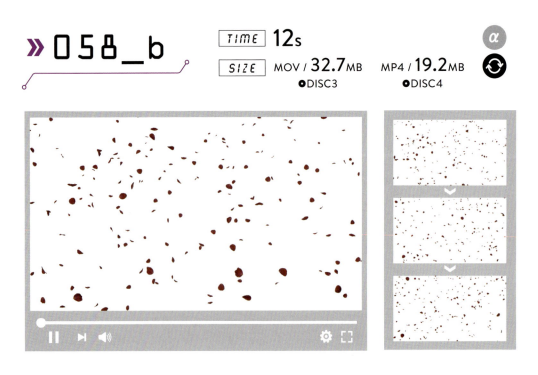

MEMO 058_aに白ベースを敷いた背景素材です。

MEMO　白く細長い花びらがヒラヒラ舞い散るアルファ付き素材。
　　　　花びらは大きく少なめです。

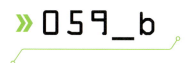

MEMO　059_aに白ベースを敷いた背景素材です。

 **060_a**

TIME 12s
SIZE MOV / 70.8MB ●DISC3　MP4 / 19.0MB ●DISC4

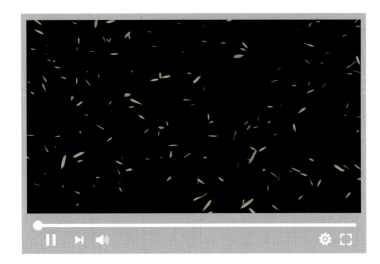

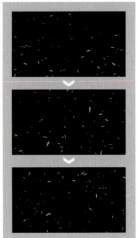

MEMO　白く細長い花びらがヒラヒラ舞い散るアルファ付き素材。花びら多めです。

 **060_b**

TIME 12s
SIZE MOV / 23.6MB ●DISC3　MP4 / 12.9MB ●DISC4

MEMO　060_aに白ベースを敷いた背景素材です。

TIME 12s
SIZE MOV / 28.1MB　MP4 / 8.00MB
●DISC3　●DISC4

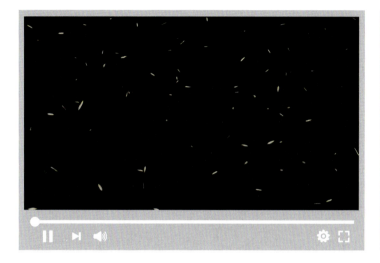 

MEMO 白く細長い花びらがヒラヒラ舞い散るアルファ付き素材。
花びら少なめです。

TIME 12s
SIZE MOV / 16.8MB　MP4 / 4.95MB
●DISC3　●DISC4

MEMO 061_aに白ベースを敷いた背景素材です。

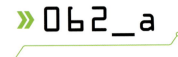

TIME 12s
SIZE MOV / 60.3MB ●DISC3 MP4 / 18.7MB ●DISC4

 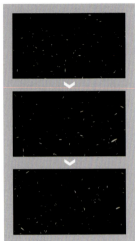

MEMO 白く細長い花びらがヒラヒラ舞い散るアルファ付き素材。
風が吹き、花びらが右上から左下に流されて飛びます。

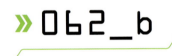

TIME 12s
SIZE MOV / 22.0MB ●DISC3 MP4 / 11.5MB ●DISC4

 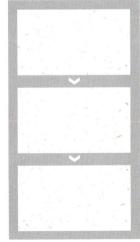

MEMO 062_aに白ベースを敷いた背景素材です。

TIME	10s
SIZE	MOV / **377**MB ●DISC3　　MP4 / **15.8**MB ●DISC4

MEMO　ひらひらキラキラした、サイドのみのアルファ付き額縁素材。
　　　　薄い布がゆらぐような動きで、映像を上品に華やかに飾ります。

» 064　TIME 6s　SIZE MOV / 234MB ●DISC3　MP4 / 8.29MB ●DISC4

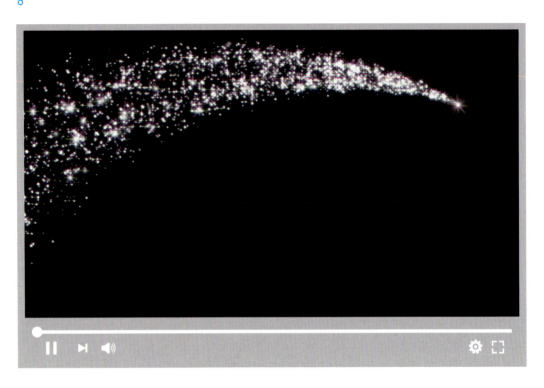

MEMO 妖精風キラキラ素材。上部に弧を描がらキラキラした粒を降らせ、背景を華やかに飾ります。065より粒が細かく多くなっています。

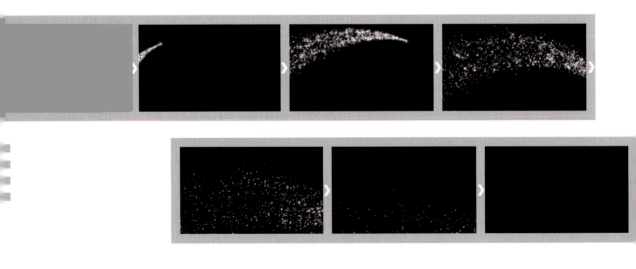

| TIME | 6s |
| SIZE | MOV / **192**MB ●DISC3   MP4 / **7.75**MB ●DISC4 |

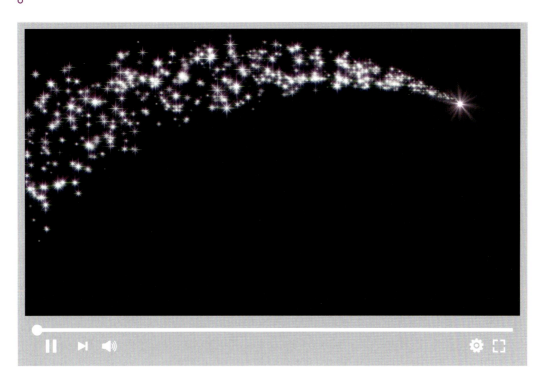

MEMO 妖精風キラキラ素材。上部に弧を描きながらキラキラした粒を降らせ、背景を華やかに飾ります。064より粒が大きく少なめです。

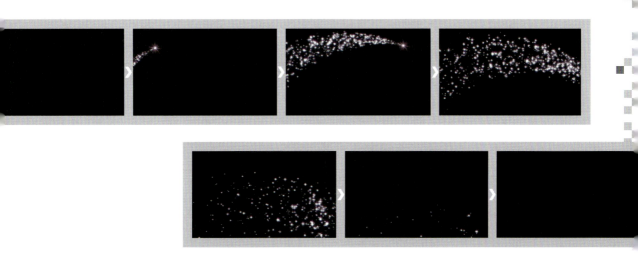

TIME	5s
SIZE	MOV / 155MB ●DISC3 MP4 / 6.11MB ●DISC4

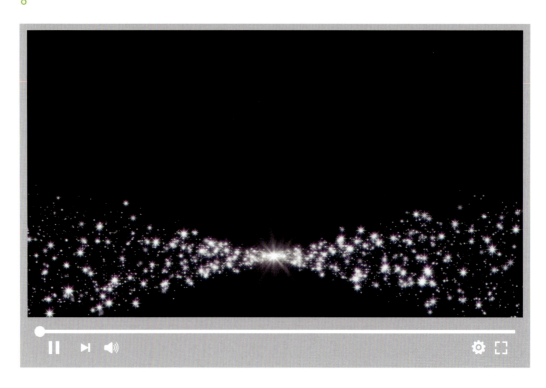

MEMO 妖精風キラキラ素材。ネームベースやテロップなどが入る画面下部を華やかに飾ります。

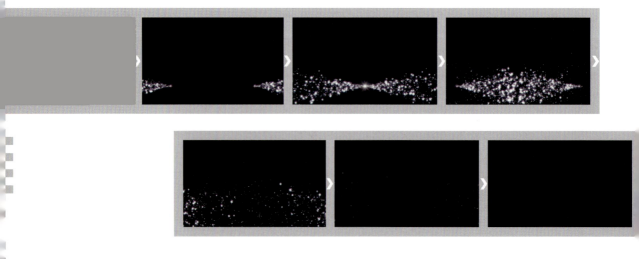

TIME	5s
SIZE	MOV / **187**MB ●DISC3　　MP4 / **6.20**MB ●DISC4

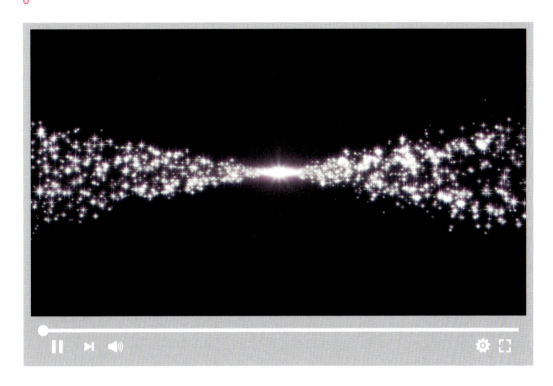

MEMO 妖精風キラキラ素材。タイトルロゴなどが入る中央部分を華やかに飾ります。

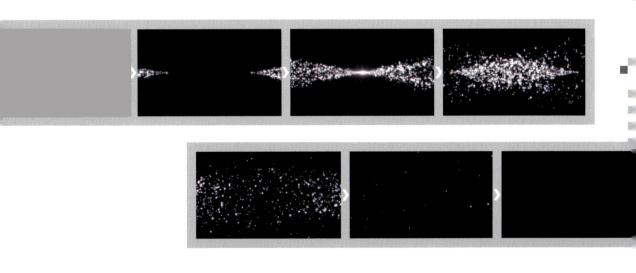

068

TIME 8s
SIZE MOV / 730MB ●DISC3　MP4 / 14.0MB ●DISC4

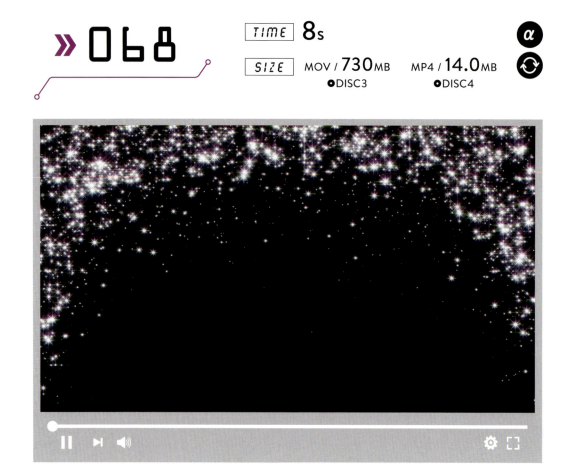

MEMO　妖精風キラキラ額縁素材。画面上部を華やかに飾ります。
こぼれるようなキラキラ粒が可愛いです。

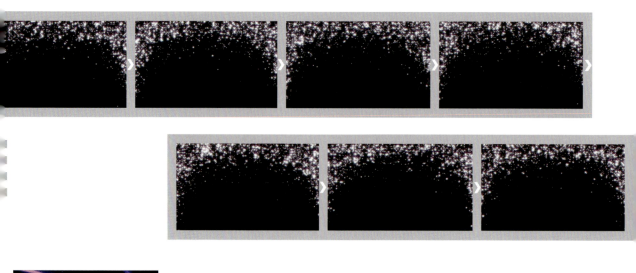

069

TIME 8s
SIZE MOV / 947MB ●DISC3　MP4 / 13.6MB ●DISC4

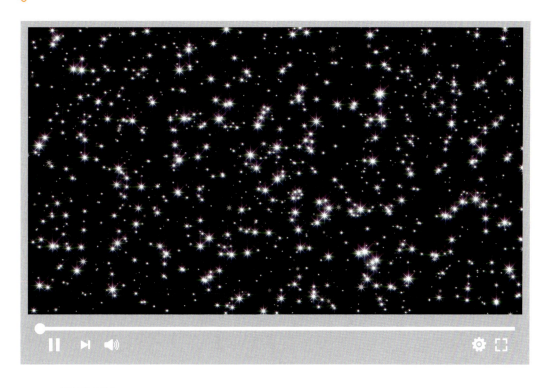

MEMO　妖精風キラキラ素材。大きめで華やかな光る粒と、上から降る小さめな粒があります。

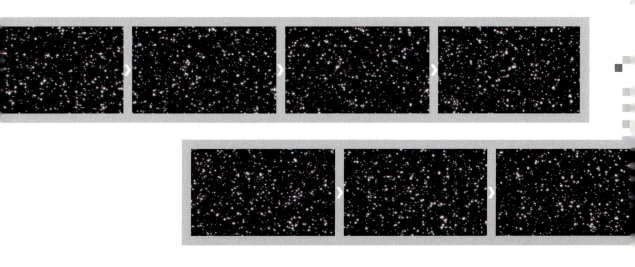

TIME	8s
SIZE	MOV / **589**MB ●DISC3　MP4 / **13.9**MB ●DISC4

MEMO 妖精風キラキラ素材。奥から手前にキラキラ粒が向かってくる、スターフィールドのような素材です。

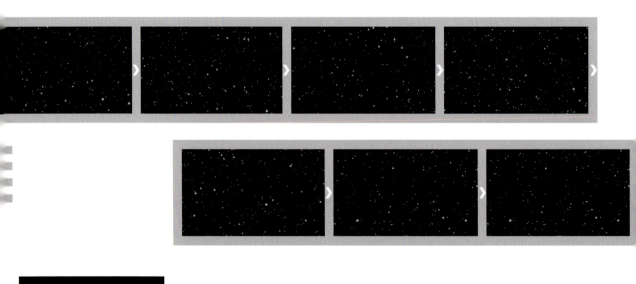

| TIME | 4s |
| SIZE | MOV / 48.3MB ●DISC3　MP4 / 4.95MB ●DISC4 |

MEMO　妖精風キラキラ素材。左右の上部で花火のようにキラキラがはじけます。アクセントにどうぞ。

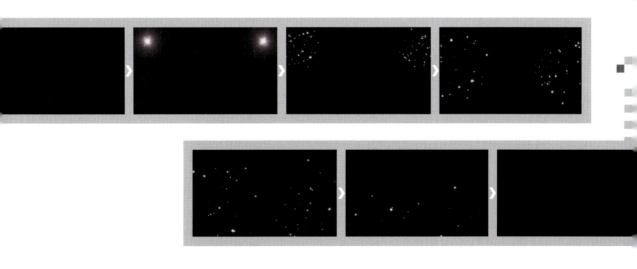

072

TIME 12s
SIZE MOV / 320MB ●DISC3 MP4 / 15.3MB ●DISC4
α

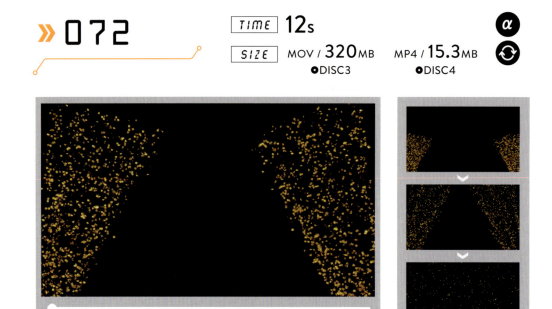

MEMO ゴールドの紙吹雪を降らせるクラッカー素材。左右の下端からクラッカーがはじけ、合成した背景を盛り上げます。

073

TIME 10s
SIZE MOV / 385MB ●DISC3 MP4 / 17.4MB ●DISC4
α

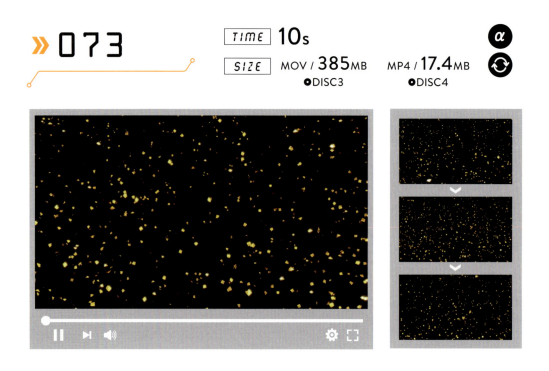

MEMO ゴールドの紙吹雪が舞うアルファ付きループ素材。背景を華やかに飾ります。

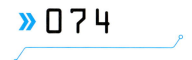

TIME	12s
SIZE	MOV / 323MB MP4 / 14.9MB
	●DISC3 ●DISC4

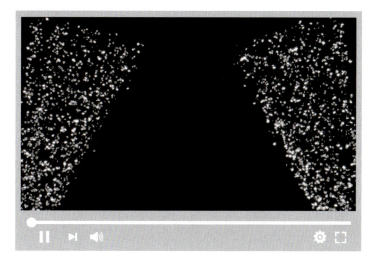
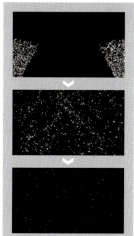

MEMO シルバーの紙吹雪を降らせるクラッカー素材。
左右の下端からクラッカーがはじけ、合成した背景を盛り上げます。

TIME	10s
SIZE	MOV / 268MB MP4 / 17.2MB
	●DISC3 ●DISC4

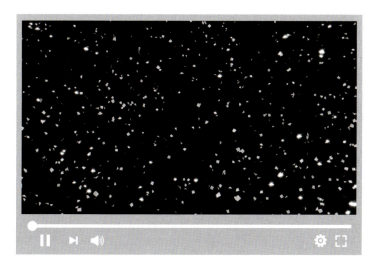
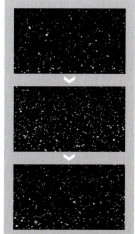

MEMO シルバーの紙吹雪が舞うアルファ付きループ素材。
背景を華やかに飾ります。

» 063
065

» 106

» 048

» 101

》072
075

》082

》047

》059_a
060_b

イラストや写真は素材に収録されていません。

TIME	10s
SIZE	MOV / **300**MB ●DISC3　　MP4 / **15.9**MB ●DISC4

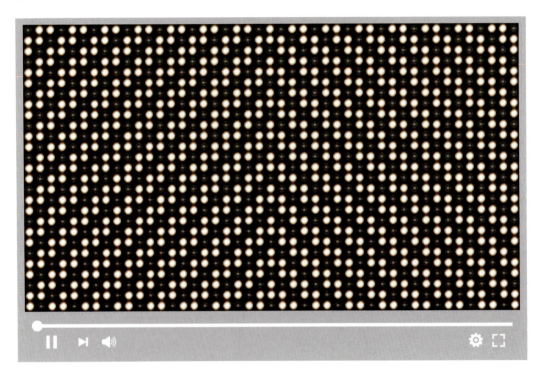

MEMO　シンプルカラーの電飾が下から上に山型に流れるように点滅する素材です。
チカチカ点滅する素材なのでご利用にはご注意ください。

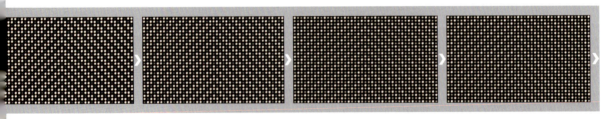

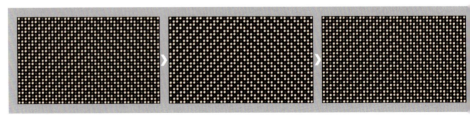

TIME **10s**

SIZE MOV / **268**MB
●DISC3

MP4 / **16.3**MB
●DISC4

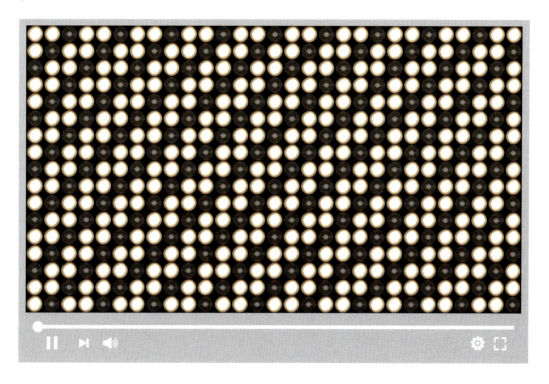

MEMO シンプルカラーの電飾が右下から左上に斜めに流れるように点滅する素材です。
チカチカ点滅する素材なのでご利用にはご注意ください。

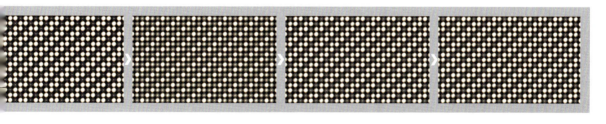

TIME	10s
SIZE	MOV / 427MB ●DISC3 MP4 / 17.1MB ●DISC4

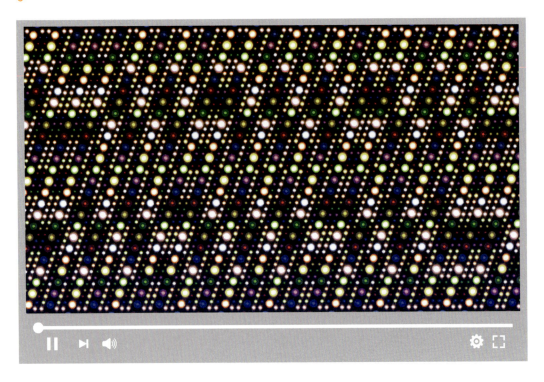

MEMO　カラフルな電飾が下から上に流れるように点滅する素材です。
チカチカ点滅する素材なのでご利用にはご注意ください。

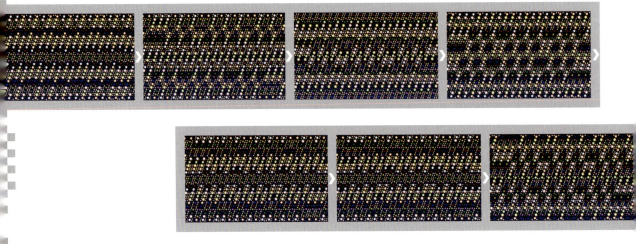

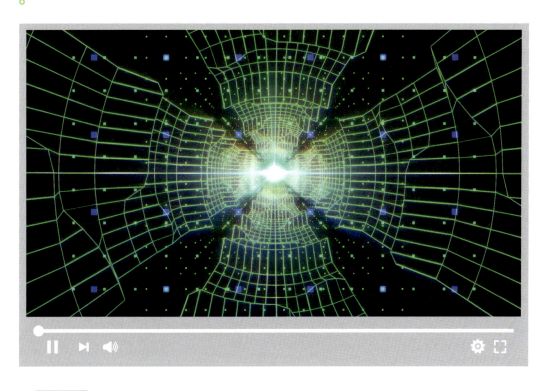

MEMO　デジタルな雰囲気のグリッド系トンネルの中を、奥の光に向かってまっすぐ進んでいくような素材です。

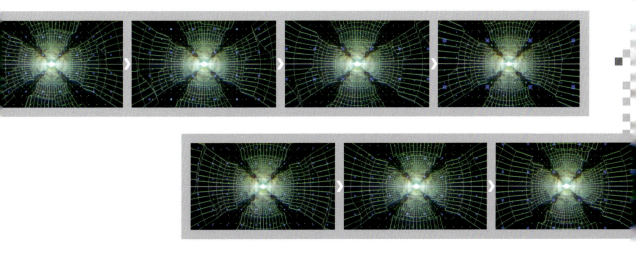

TIME	20s
SIZE	MOV / 477MB ●DISC3　MP4 / 33.9MB ●DISC4

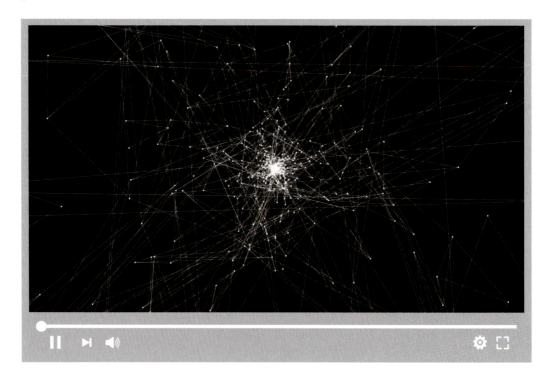

MEMO デジタルな雰囲気のグローしたグリッドとドットが、円柱の中を流れ続ける素材。奥行きを感じる空間になっています。

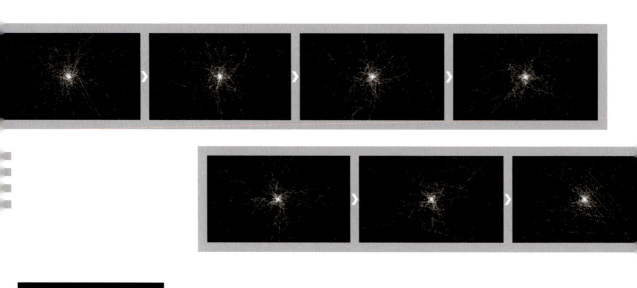

| TIME | 10s |
| SIZE | MOV / 310 MB ●DISC4　　MP4 / 17.1 MB ●DISC4 |

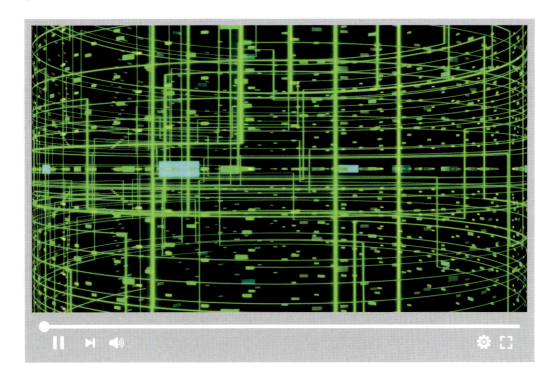

MEMO　デジタルな雰囲気のグリッドとドットが、円柱の中を流れ続ける素材です。

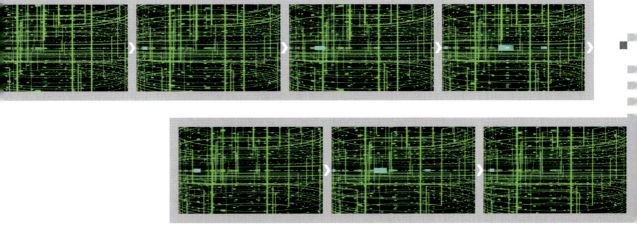

| TIME | 12s |
| SIZE | MOV / 199MB ●DISC4   MP4 / 17.1MB ●DISC4 |

MEMO サイケデリックカラーのカレイドスコープ風素材。カラフルで存在感がありますが、動きはゆったりめです。

| TIME | 12s |
| SIZE | MOV / 162 MB ●DISC4   MP4 / 16.9 MB ●DISC4 |

MEMO シアン〜パープルが綺麗に混ざり合う、落ち着いた色合いのカレイドスコープ風素材。グロー感が綺麗です。

TIME	12s
SIZE	MOV / 91.4MB ●DISC4 MP4 / 17.3MB ●DISC4

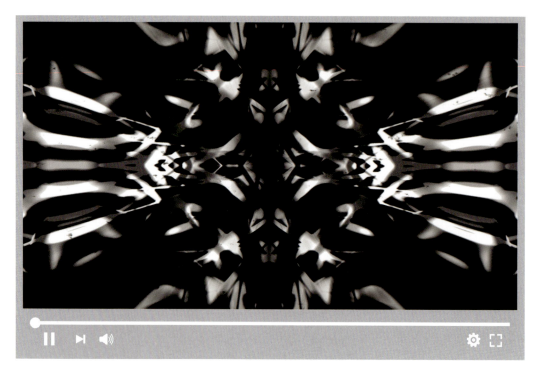

MEMO モノクロのカレイドスコープ風素材。ノイズも加えて少し荒れた渋めの雰囲気にしてみました。

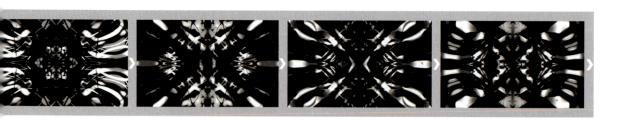

TIME	15s
SIZE	MOV / 477MB　MP4 / 22.2MB
	●DISC4　　　●DISC4

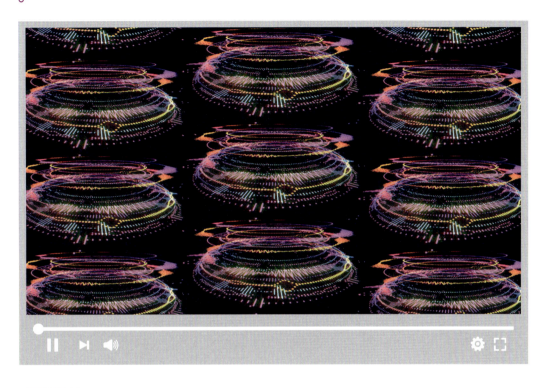

MEMO　カラフルな円形オーディオスペクトラムがランダムに回転する素材。重ねてオブジェ風にしたものを並べて。

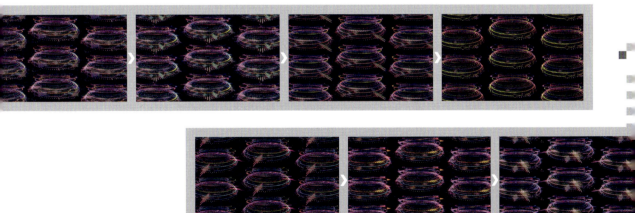

| TIME | 20s |
| SIZE | MOV / 292MB ●DISC4　MP4 / 29.1MB ●DISC4 |

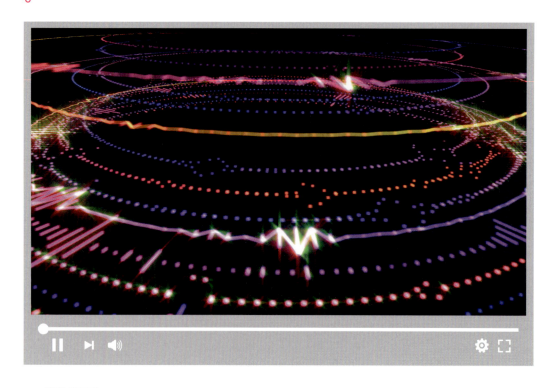

MEMO カラフルな円形オーディオスペクトラムがランダムに回転する素材。奥行きを感じる作りです。

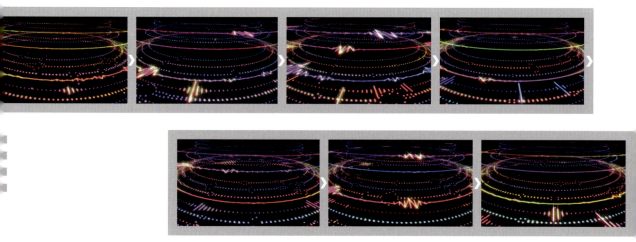

| TIME | 8s |
| SIZE | MOV / 196MB ●DISC4　MP4 / 11.7MB ●DISC4 |

MEMO　シャープなラインと光の粒が奥から飛んでくる疾走感のある素材。
（087・088・089の3種のカラーバリエーション）

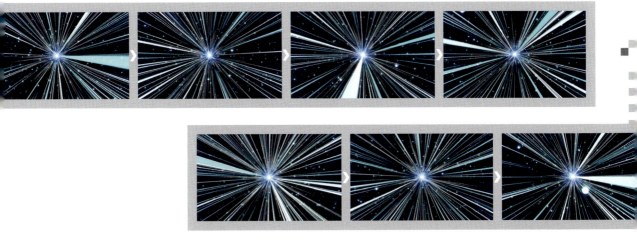

088

TIME **8s**
SIZE MOV / **170**MB ●DISC4　MP4 / **11.6**MB ●DISC4

α

MEMO シャープなラインと光の粒が奥から飛んでくる疾走感のある素材。
（087・088・089の3種のカラーバリエーション）

089

TIME **8s**
SIZE MOV / **197**MB ●DISC4　MP4 / **11.8**MB ●DISC4

α

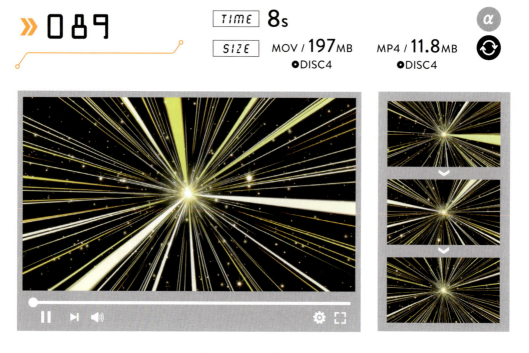

MEMO シャープなラインと光の粒が奥から飛んでくる疾走感のある素材。
（087・088・089の3種のカラーバリエーション）

TIME 13s
SIZE MOV / 89.8MB MP4 / 20.6MB
●DISC4 ●DISC4

MEMO 割れたガラスの破片が上からたくさん降り続ける、アルファ付きループ素材。ガラスは少し透けます。

TIME 13s
SIZE MOV / 112MB MP4 / 21.0MB
●DISC4 ●DISC4

MEMO 割れたガラスの破片が右上から左下に斜めにたくさん降り続ける、アルファ付きループ素材。ガラスは少し透けます。

TIME	18s
SIZE	MOV / 113MB ●DISC4　MP4 / 23.9MB ●DISC4

MEMO 割れたガラスが下から上に浮かび上がる素材。
何も無いところから始まり、ガラスが上昇し続ける動きです。ガラスは少し透けます。

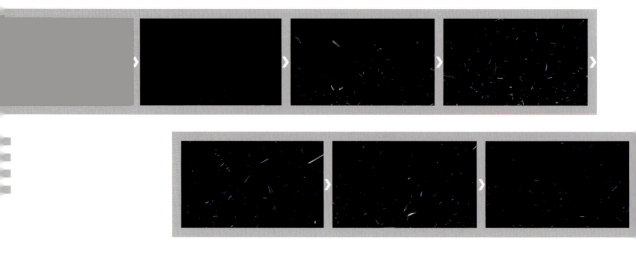

TIME 5s
SIZE MOV / 13.6MB MP4 / 4.98MB
●DISC4 ●DISC4

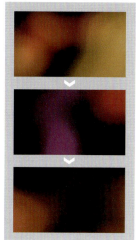

MEMO ボケたオレンジ系の光がランダムに動く素材。スクリーンなどで背景に合成すると良いニュアンスが生まれます。

» 094

TIME 5s
SIZE MOV / 13.8MB MP4 / 5.12MB
●DISC4 ●DISC4

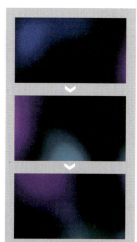

MEMO ボケたブルー系の光がランダムに動く素材。スクリーンなどで背景に合成すると良いニュアンスが生まれます。

TIME	10s
SIZE	MOV / **53.0**MB ●DISC4　MP4 / **15.8**MB ●DISC4

MEMO ピンク〜パープル系のボケた粒が下から上にのぼっていく素材。
下部中央にうっすらピンクの光を感じる、優しい雰囲気の素材です。

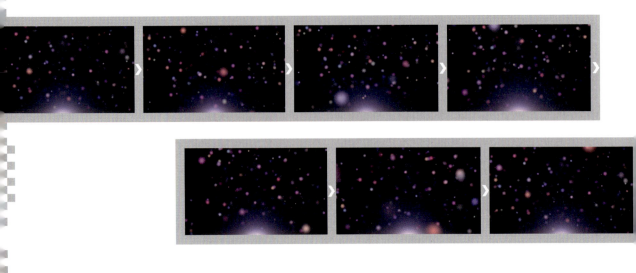

TIME	10s
SIZE	MOV / 55.7MB　MP4 / 9.25MB
	●DISC4　　　●DISC4

MEMO　大きなピンク〜パープル系のにじみが下から上にのぼっていく素材。水彩画のような雰囲気です。

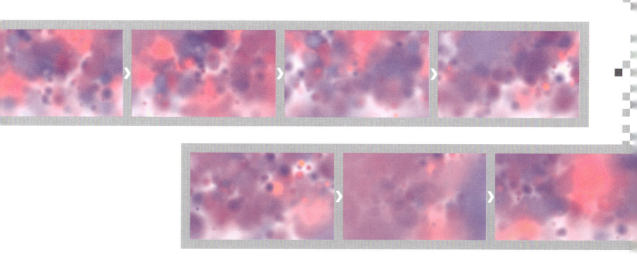

TIME	8s
SIZE	MOV / 39.3MB　MP4 / 5.69MB
	●DISC4　　　●DISC4

MEMO 深い色合いの背景の中を白い粒がゆっくり動く素材です。シンプルなのでテキストの背景にも適しています。

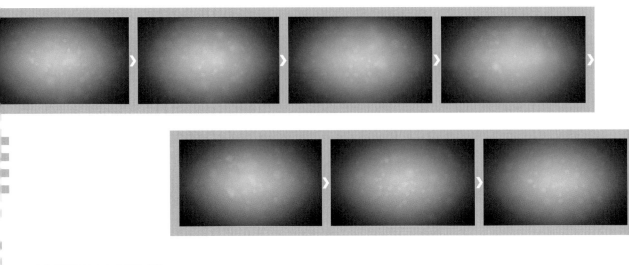

》098

TIME 15s
SIZE MOV / 193MB ●DISC4　MP4 / 25.1MB ●DISC4　α

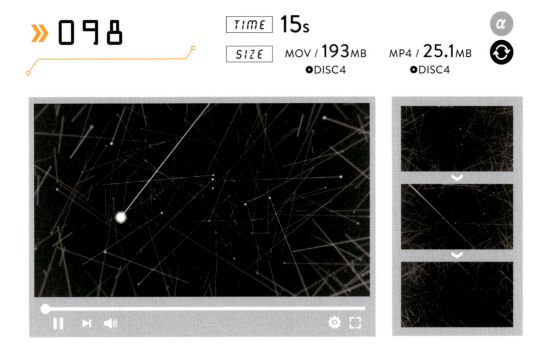

MEMO 白いドットからラインが伸びる物体がたくさん浮遊し、画面全体が回転しています。099と色違いです。

》099

TIME 15s
SIZE MOV / 237MB ●DISC4　MP4 / 25.0MB ●DISC4　α

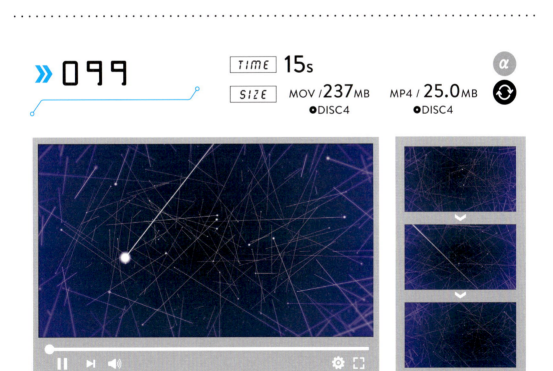

MEMO 白いドットからラインが伸びる物体がたくさん浮遊し、画面全体が回転しています。098と色違いです。

» 078

» 062_a
099

» 105

» 109

» 022

» 089

» 100

» 110
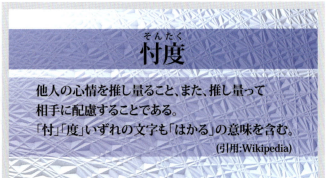

忖度(そんたく)

他人の心情を推し量ること、また、推し量って
相手に配慮することである。
「忖」「度」いずれの文字も「はかる」の意味を含む。
(引用:Wikipedia)

イラストや写真は素材に収録されていません。

» 100

TIME 10s
SIZE MOV / 65.7MB ●DISC4 MP4 / 15.7MB ●DISC4

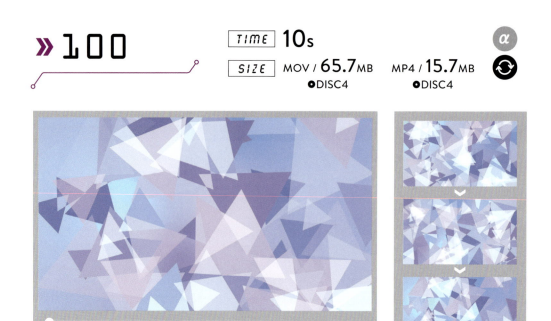

MEMO 寒色系の三角グラフィックが回転しながら現れたり消えたりする素材です。

» 101

TIME 10s
SIZE MOV / 85.3MB ●DISC4 MP4 / 16.8MB ●DISC4

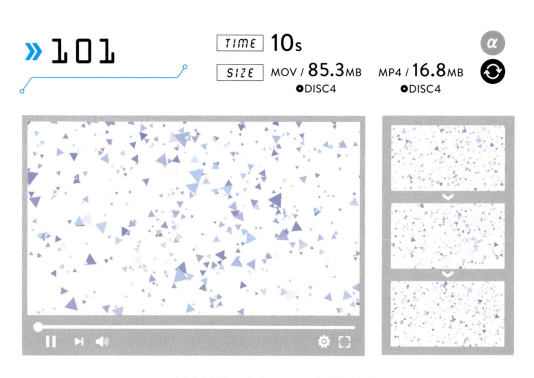

MEMO 小さな寒色系の三角グラフィックが、回転しながら下から上に斜めにのぼっていく素材です。

TIME 12s
SIZE MOV / 195MB ●DISC4　MP4 / 20.2MB ●DISC4

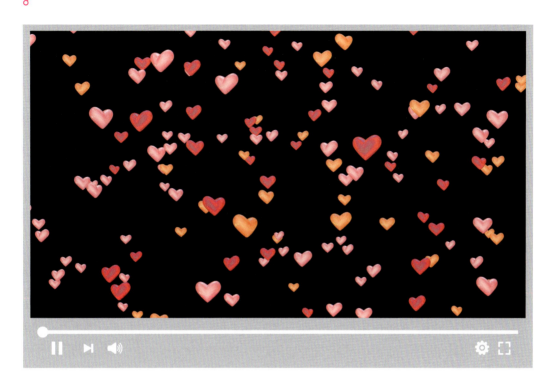

MEMO 暖色系の立体的なハートが下から上にのぼっていく素材。
アルファ付きなので様々な背景に合成でき、多様な使い方が出来ます。

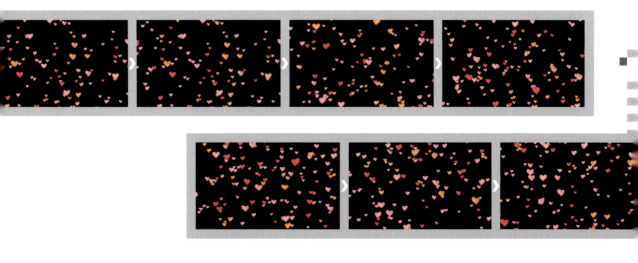

TIME	12s
SIZE	MOV / 560MB ●DISC4　MP4 / 20.6MB ●DISC4

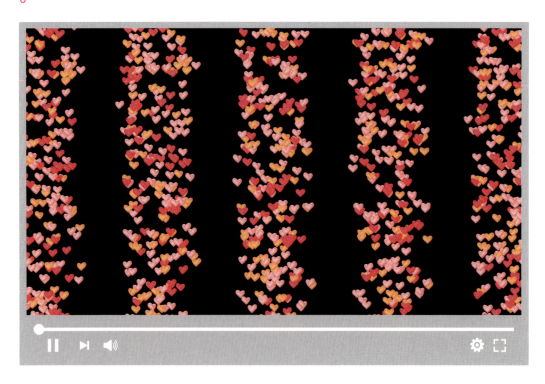

MEMO 暖色系の立体的なハートが5本の柱状になり、回転しながら下から上にのぼっていく素材。アルファ付きなので背景が変えられます。

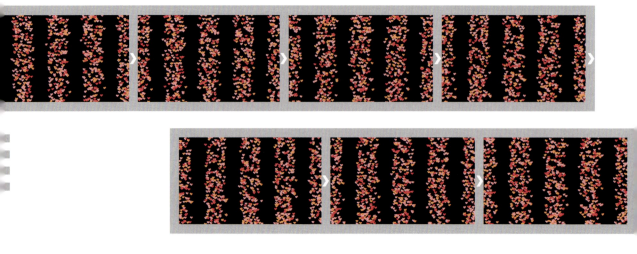

TIME	9s
SIZE	MOV / 352MB MP4 / 14.9MB
	●DISC4 ●DISC4

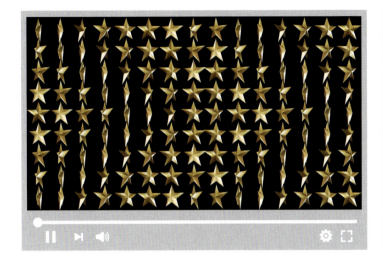 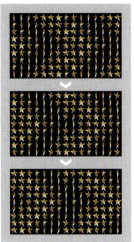

MEMO 画面全体に配置された立体的でゴールドの星が、時間差をつけて回転することで左から右にパラパラと流れるように動く素材です。

TIME	9s
SIZE	MOV / 245MB MP4 / 15.3MB
	●DISC4 ●DISC4

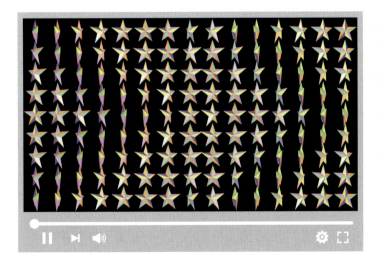 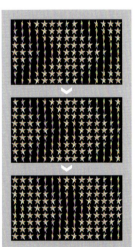

MEMO 画面全体に配置された立体的でパステルカラーの星が、時間差をつけて回転することで左から右にパラパラと流れるように動く素材です。

106

TIME **10s**
SIZE MOV / **154**MB ●DISC4 MP4 / **14.4**MB ●DISC4

 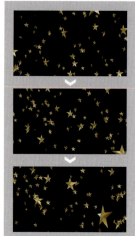

MEMO　立体的なゴールドの星が奥から手前に向かってくる素材。
　　　　星はゆっくり左右に回転しています。

107

TIME **10s**
SIZE MOV / **111**MB ●DISC4 MP4 / **16.7**MB ●DISC4

 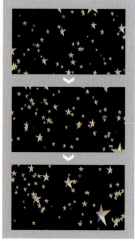

MEMO　立体的なパステルカラーの星が奥から手前に向かってくる素材。
　　　　星はゆっくり左右に回転しています。

TIME 12s
SIZE MOV / **376**MB ●DISC4   MP4 / **20.5**MB ●DISC4

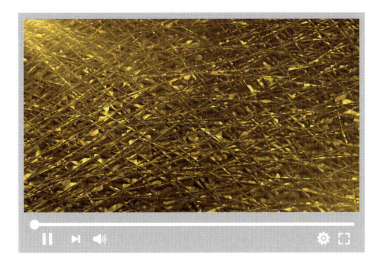

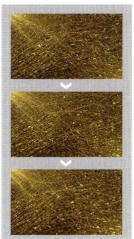

MEMO　変化に富んだ面がゆっくりと変形する
ゴールドの背景素材。109と色違いです。

TIME 12s
SIZE MOV / **331**MB ●DISC4   MP4 / **20.5**MB ●DISC4

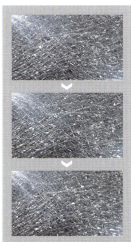

MEMO　変化に富んだ面がゆっくりと変形する
シルバーの背景素材。108と色違いです。

TIME 12s
SIZE MOV / 242MB ●DISC4 MP4 / 20.4MB ●DISC4

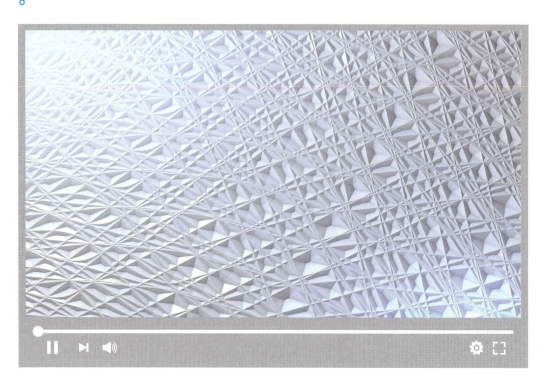

MEMO 変化に富んだ面がゆっくりと変形するホワイトの背景素材です。シンプルなのでテキストベースに適しています。

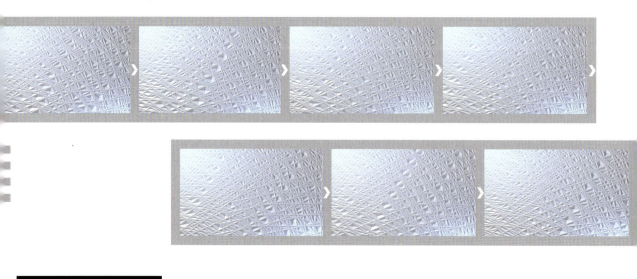

TIME	12s
SIZE	MOV / 46.7MB　MP4 / 6.61MB
	●DISC4　　　　●DISC4

MEMO　少し光沢のあるホワイトの布がゆったりと風になびくような背景素材。
シンプルなのでテキストベースに適しています。

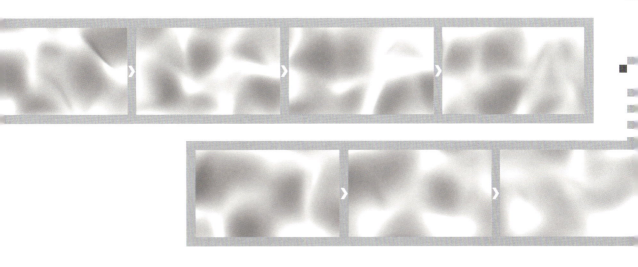

吉原真生 Mao Yoshihara

映像作家/イラストレーター
日本大学芸術学部演劇学科卒
映像制作会社を経てフリーランスに。
現在はテレビ・WEB等の映像制作を中心に、素材の販売、
書籍のイラストレーションも手がける。
東京都在住。
https://maoxxx.myportfolio.com/

ブックデザイン………pasto
編集………荻原祐二
製本／印刷………大日本印刷株式会社

お問い合わせについて

本書に関するご質問については、本書に記載されている内容に関するもののみとさせていただきます。本書の内容と関係のないご質問につきましては、一切お答えできませんので、あらかじめご了承ください。また、電話でのご質問は受け付けておりませんので、必ずFAXか書面にて下記までお送りください。なお、お送りいただいたご質問には、できる限り迅速にお答えできるよう努力いたしておりますが、場合によってはお答えするまでに時間がかかることがあります。また、回答期日をご指定なさっても、ご希望にお応えできるとは限りません。あらかじめご了承くださいますよう、お願いいたします。ご質問の際に記載いただきました個人情報は、回答後速やかに破棄させていただきます。

［お問い合わせ先］
〒162-0846　東京都新宿区市谷左内町 21-13
株式会社技術評論社　書籍編集部
「フルHDサイズ＋α 動画素材集 111」質問係
FAX 番号　03-3513-6167
URL：https://book.gihyo.jp/116

フルHDサイズ＋α 動画素材集 111

2019年1月24日　初版　第1刷発行

［著　者］吉原真生
［発行者］片岡　巌
［発行所］株式会社 技術評論社
東京都新宿区市谷左内町21-13
Tel : 03-3513-6150（販売促進部）
Tel : 03-3513-6160（書籍編集部）

・定価はカバーに表示してあります。
・落丁・乱丁がございましたら、弊社販売促進部までお送りください。交換いたします。
・本書の一部または全部を著作権法の定める範囲を超え、無断で複写、複製、転載、テープ化、ファイルに落とすことを禁じます。

©2019　吉原真生
ISBN978-4-297-10299-9 C3055
Printed in Japan